迷宫总动员

神秘海洋
Shenmi Haiyang

王 强 编写

北方联合出版传媒（集团）股份有限公司
辽宁少年儿童出版社
沈阳

生命的起源

起点

终点

蛇颈龙：海中爬行类的一种，生活在三叠纪到白垩纪晚期，以鱼类为食。有人认为，蛇颈龙并没有灭绝，尼斯湖水怪就是蛇颈龙。

怪诞虫：没人知道它有没有嘴，科学家认为它用触角行走，用尖刺保护自己。

欧巴宾海蝎：长着五只眼睛，还有一个爪子，用来抓取食物。

水母：史前时代的水母和今天的水母相比，几乎没有变化。

鱼石螈：早期两栖动物之一，游得很快，用强有力的颌来捕鱼。

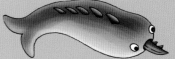

伯肯鱼：最早鱼类中的一种，最早出现的鱼类没有牙齿或颌，靠很小的嘴巴吸取食物。

3

热带海域

起点

终点

大白鲨：真正的海洋杀手，能嗅到并追踪一千米外的一小滴血。

双髻鲨：头部向两侧突出，眼睛长在突出部位两端，看东西更有立体感。

咸水鳄：世界上最大的爬行动物，能捕食鲨鱼。

儒艮：海生哺乳动物之一，水手曾把它误认为是美人鱼。

鹦鹉鱼：用鸟喙般的嘴刮食藻类和珊瑚的软质部分。

寒带海域

起点

6

终点

蓝鲸：地球上现存最大的动物，一头成年蓝鲸的重量相当于2000～3000个人的重量总和。蓝鲸虽然很大，但性格温和，主要以微小的磷虾为食。

白鲸：因为它的叫声悦耳动听，像鸟儿一样婉转，所以被称为"海上金丝雀"。

北极熊：地球上体形最大的熊，喜欢吃环斑海豹。它守在海豹呼吸洞口，伺机猎食。北极熊皮毛很厚，可以帮助它在冰冷的水里保持体温。

独角鲸：独角鲸有一颗非常长的牙齿，雄性独角鲸在争夺配偶时，会用这颗长牙决斗，就像剑士一样。

海象：它们在水中是游泳健将，可是在陆地上行走非常吃力。

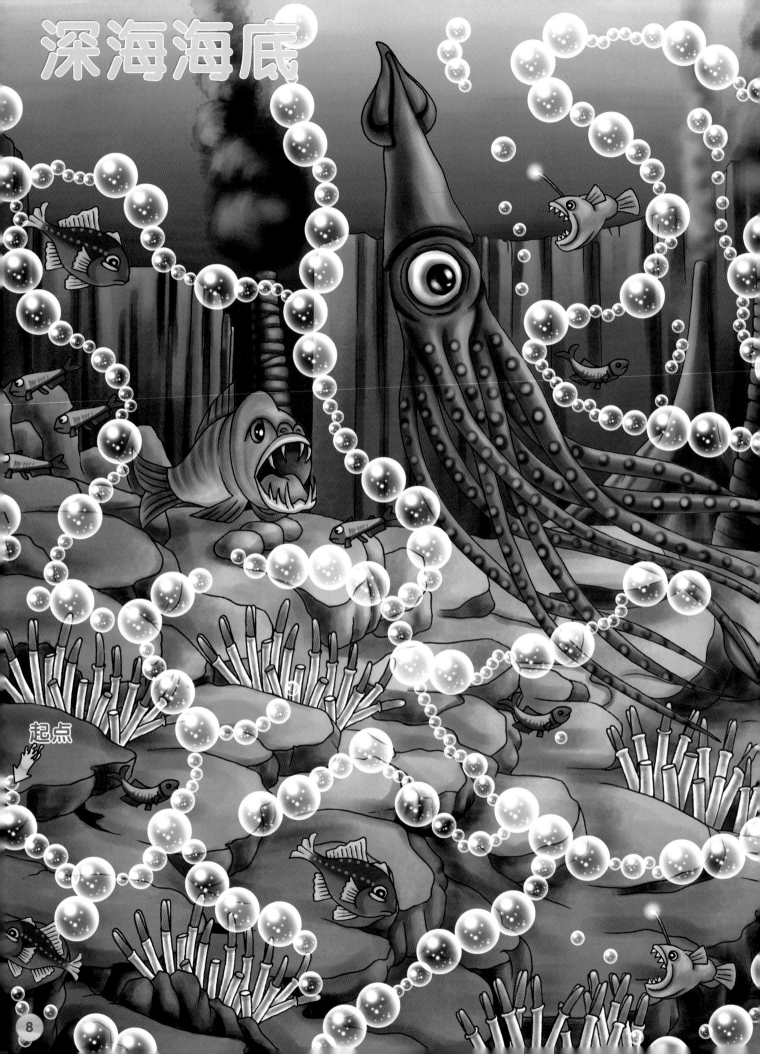

深海海底

起点

终点

大王乌贼：是世界上已知的第二大乌贼。它们的眼睛大得惊人，直径大约有35厘米。它最大的天敌是抹香鲸。

伞口刺鳗：它们长着颜色鲜艳的尾巴，很多小鱼会被它们的尾巴吸引，而忽略那张开的大口。

管虫：它们附着在岩石或沙地上，外形像巨大的口红。对水质要求很高。

食人魔鱼：它们的牙齿很长，所以总是大张着嘴巴。当它们合上嘴时，其中的两颗牙齿必须收进袋囊，否则大脑就会被刺穿。

蝰鱼：身体细长，头部大，长着锋利的獠牙，合页状的头骨可以让它吞下和自身同大的猎物。

浅海海域

起点

终点

瓶鼻海豚：它们喜欢尾随着船游动。它们的游泳速度可达每小时40千米。

翻石鹬：它们喜欢把石头翻过来，寻找在石头下面藏着的食物。

鲣鸟：一种热带海鸟，两足趾间有蹼，善于游泳。它们早出晚归，非常勤劳，常从高处俯冲到海中抓鱼。

沙丁鱼群：阳光下的沙丁鱼群闪闪发光，因为它们身上附着银色鳞片。成群结队的行动会让它们更安全，通常猎食者不会袭击一大片鱼群。

灯塔：它用来提醒水手远离布满礁石的海岸。灯塔里面的工作人员要保证指航灯正常工作。

美丽的珊瑚礁

在珊瑚礁形成过程中，珊瑚虫起了主导作用。单个的珊瑚虫只有米粒大小，它们成群结队聚居在一起，一代代生长繁殖，不断分泌出石灰石，这些石灰石黏合在一起，经过压实、石化，就形成了珊瑚礁，甚至珊瑚礁岛。

起点

终点

起点

巨无霸之间的战争

成年大王乌贼和雄性抹香鲸体长均可达20米。它们是海洋中的"巨无霸"。大王乌贼的天敌是抹香鲸，它们在搏斗中，大王乌贼会用粗壮的触手和吸盘死死缠住抹香鲸，抹香鲸也会拼尽全力咬住大王乌贼。两个海中巨兽相遇会把海水搅得浊浪滔天。

终点

海岸

海洋和陆地相互作用，日积月累，就形成了海岸。海岸地貌类型很多，比如海滩、悬崖、盐沼、沙丘、沙滩、岬角、河口、拱门、岩柱等。

悬崖

终点

海滩

拱门

岩柱

起点

沙丘

岬角

盐沼

河口

海　岛

　　海岛是指被海水环绕的一小片陆地。我国海岛有94%属于无居民海岛。这些海岛稳定性差，面积狭小，地域结构简单，生态环境单一，生物品种不丰富，不适宜生物生存。

水的大循环

从海洋蒸发出来的水蒸气，被气流带到陆地上空，凝结为雨、雪、雹等落到地面，一部分被蒸发返回大气，其余部分成为地面径流或地下径流等，最终回归海洋。这种海洋和陆地之间水的往复运动过程，称为水的大循环。

海底地貌

海底地貌和陆地地貌十分相似，有雄伟的高山、深邃的海沟、辽阔的平原等。海底地貌的形成，与海底扩张、板块构造活动息息相关。

终点

海啸

海啸是由海底地震、火山爆发、海底滑坡或气象变化产生的破坏性海浪。海啸通常以摧枯拉朽之势，淹没陆地，夺走生命与财产，破坏力惊人。全球的海啸发生区大致与地震带一致。

起点

终点

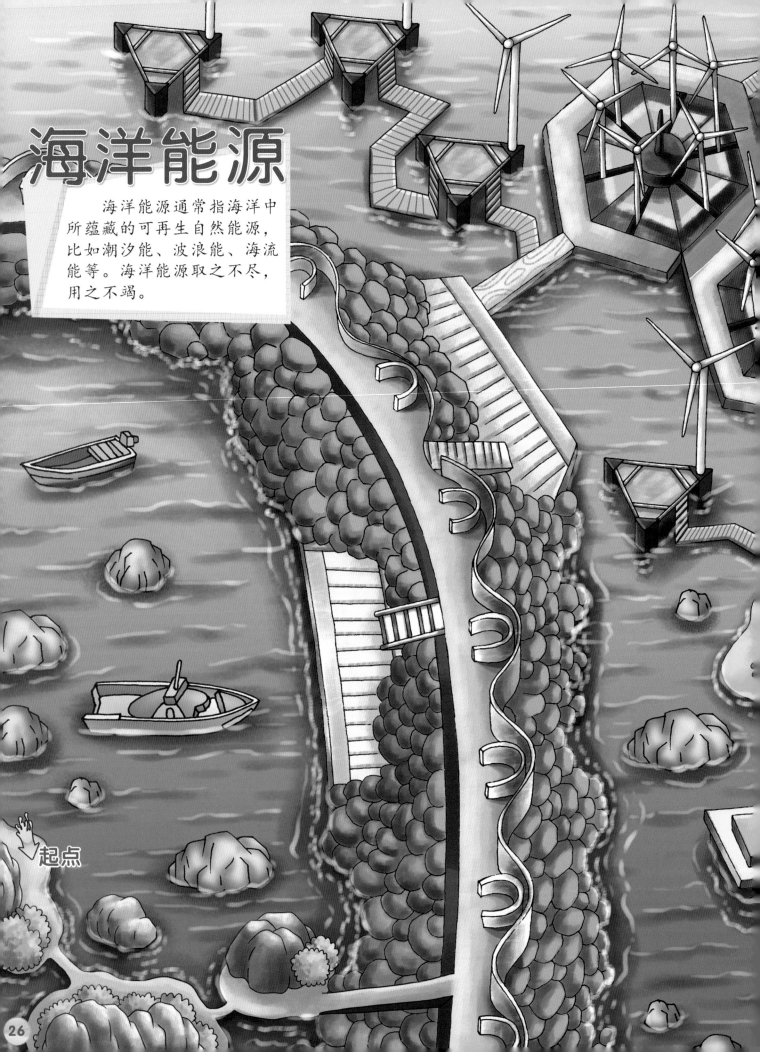

海洋能源

海洋能源通常指海洋中所蕴藏的可再生自然能源，比如潮汐能、波浪能、海流能等。海洋能源取之不尽，用之不竭。

起点

终点

海底探险

海底埋藏着大量的宝藏，比如古老的沉船、远古生物的化石。有些专业的潜水员会潜入海底，探寻那些宝藏。数千年来，海底探险家们一直在搜寻一片沉没的古老大陆——亚特兰蒂斯。传说，这片大陆一夜之间沉没于海底。

起点

终点

航海轮船

现代化的轮船分为客轮、货轮、油轮等。轮船促进了人类生活的改变，是人们梦寐以求的联系世界各国的纽带。关于航海轮船的逸事很多，其中"泰坦尼克"号触撞冰山沉没，曾引起西方社会的极大震动。

终点

跨海大桥

跨海大桥飞架于海峡之上或海湾之间。这类桥梁的跨度一般都比较长，短则几千米，长则数十千米，所以对技术的要求较高，是顶尖桥梁技术的体现。

起点

32

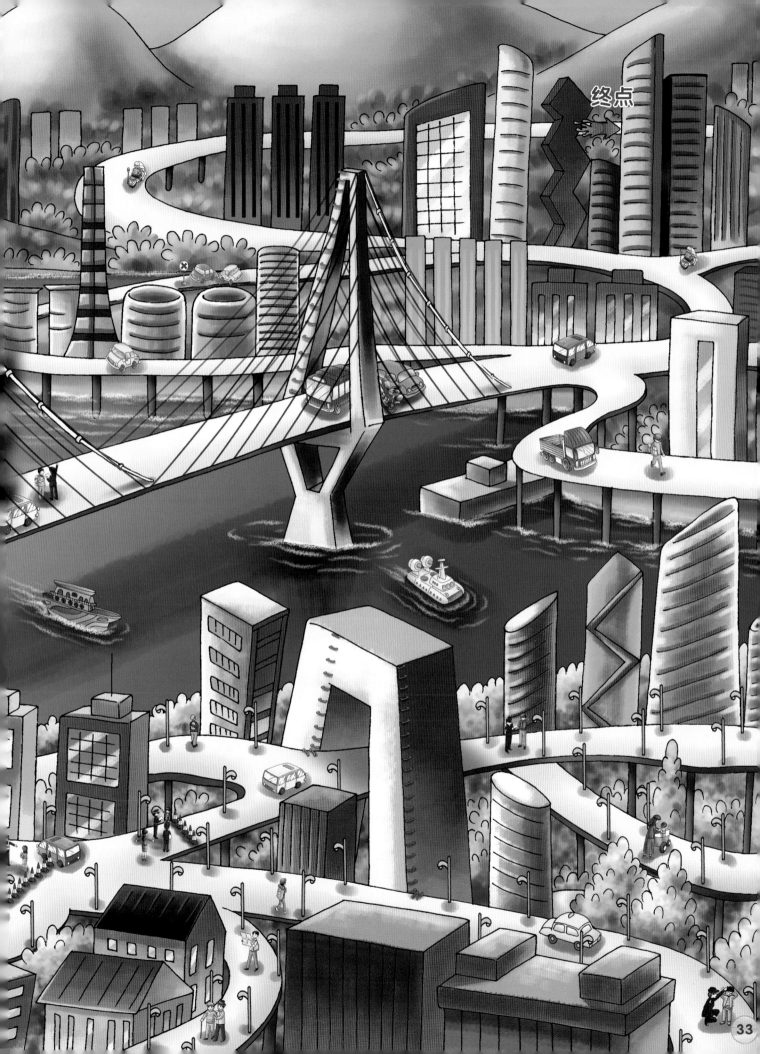

终点

海洋水产资源

世界水产品中的85%左右产于海洋，海洋孕育了鱼类、虾类、蟹类、贝类、藻类和其他海洋生命。海洋水产资源具有再生能力，如果利用合理，海洋资源将取之不尽。但如果采取掠夺捕捞方式，海洋生物的种类就会减少，资源将面临着衰退。

起点

终点

起点

保护海洋

　　海洋正在遭受着人类的污染，导致海平面不断上升，海洋中的生物变得越来越脆弱。幸运的是，人们意识到了保护海洋的重要性，保护海洋的呼声越来越高，大家正在积极行动，让大海重新焕发生机。

终点

答案

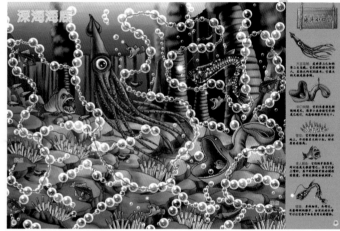

© 王　强 2016

图书在版编目（ＣＩＰ）数据

神秘海洋 / 王强编写．—沈阳：辽宁少年儿童出版
社，2016.6
　（迷宫总动员）
　ISBN 978-7-5315-6815-5

　Ⅰ．①神…　Ⅱ．①王…　Ⅲ．①海洋—儿童读物
Ⅳ．① P7-49

中国版本图书馆 CIP 数据核字（2016）第 080987 号

出版发行：北方联合出版传媒（集团）股份有限公司
　　　　　辽宁少年儿童出版社
出　版　人：张国际
地　　　址：沈阳市和平区十一纬路 25 号
邮　　　编：110003
发行部电话：024-23284265　23284261
总编室电话：024-23284269
E-mail:lnsecbs@163.com
http://www.lnse.com
承　印　厂：中共辽宁省委机关印刷厂

责任编辑：张　宇
责任校对：赵志克
封面设计：段　芳
版式设计：金碧得
责任印制：吕国刚

幅面尺寸：210mm×278mm
印　　张：2.5　　字数：31 千字
出版时间：2016 年 6 月第 1 版
印刷时间：2016 年 6 月第 1 次印刷
标准书号：ISBN 978-7-5315-6815-5
定　　价：14.80 元